U0178357

HAPPY HABIT
亲子习惯养成手账
（入学适应版）

李鹏伟 蒋兴伦 · 著

電子工業出版社·
Publishing House of Electronics Industry
北京 · BEIJING

图书在版编目（CIP）数据

亲子习惯养成手账：入学适应版／李鹏伟，蒋兴伦著. —北京：电子工业出版社，2021.10

ISBN 978-7-121-42132-7

Ⅰ.①亲… Ⅱ.①李… ②蒋… Ⅲ.①本册 Ⅳ.① TS951.5

中国版本图书馆 CIP 数据核字（2021）第 205608 号

责任编辑：刘淑丽
印　　刷：河北迅捷佳彩印刷有限公司
装　　订：河北迅捷佳彩印刷有限公司
出版发行：电子工业出版社
　　　　　北京市海淀区万寿路173信箱　　邮编：100036
开　　本：880×1230　1/32　印张：3.75　字数：61千字
版　　次：2021年10月第1版
印　　次：2022年4月第2次印刷
定　　价：29.00元

凡所购买电子工业出版社图书有缺损问题，请向购买书店调换。若书店售缺，请与本社发行部联系，联系及邮购电话：（010）88254888，88258888。

质量投诉请发邮件至zlts@phei.com.cn，盗版侵权举报请发邮件至dbqq@phei.com.cn。

本书咨询联系方式：（010）88254199，sjb@phei.com.cn。

目标制定的 SMART 原则

SPECIFIC	具体的
MEASURABLE	可度量
ATTAINABLE	可实现
RELEVANT	相关性
TIME-BOUND	有时限

示例 1- 每天早上 6 点在楼下跳绳 50 个
示例 2- 每天晚上睡前看书 30 分钟

我的姓名：

这本手账的起止时间：

今年我的梦想和目标：

___ 月计划

	星期一	星期二	星期三
__周			
__周			
__周			
__周			
__周			

星期四	星期五	星期六	星期日

___ 月读书打卡

___ 月读书总结

书名、作者	阅读页数	用时	一句话感受

___ 月运动打卡

本月运动目标示例：1. 本月运动 _____ 分钟
2. 每天运动 _____ 分钟

___ 月运动总结

运动项目	总用时	一句话感受

___ 月睡眠打卡

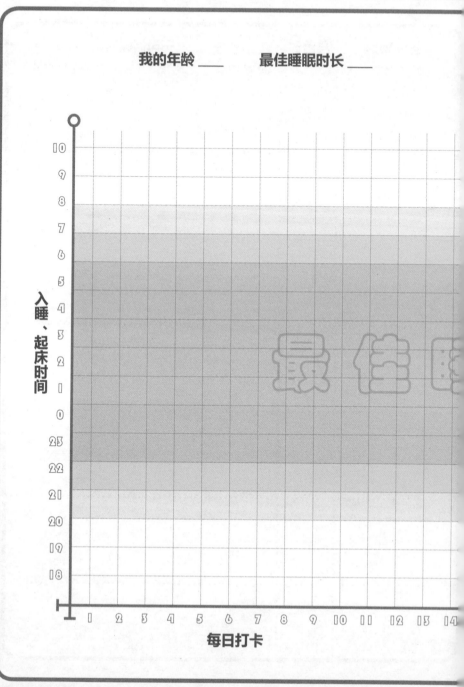

我的年龄 ____ 　　　最佳睡眠时长 ____

入睡、起床时间

10
9
8
7
6
5
4
3
2
1
0
23
22
21
20
19
18

1　2　3　4　5　6　7　8　9　10　11　12　13　14

每日打卡

2021 年 3 月，教育部印发了《关于进一步加强中小学生睡眠管理工作的通知》，把学生睡眠管理工作纳入日常监督范围和政府履行教育职责督导评价。其中明确要求，根据不同年龄段学生身心发展特点，小学生每天睡眠时间应达到 10 小时，初中生应达到 9 小时，高中生应达到 8 小时。

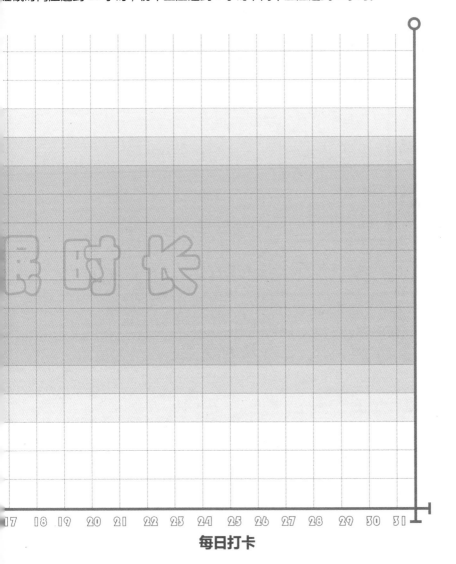

每日打卡

＿ 月情绪打卡

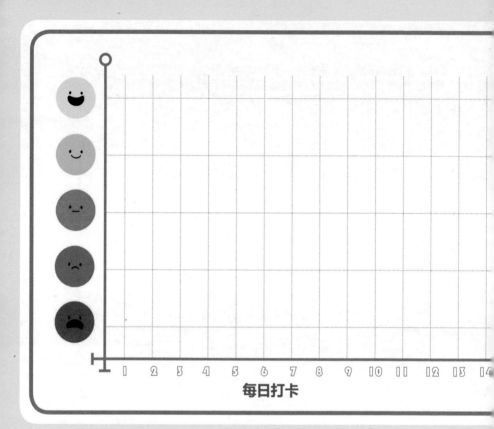

每日打卡

开心的事

....

....

....

....

....

....

....

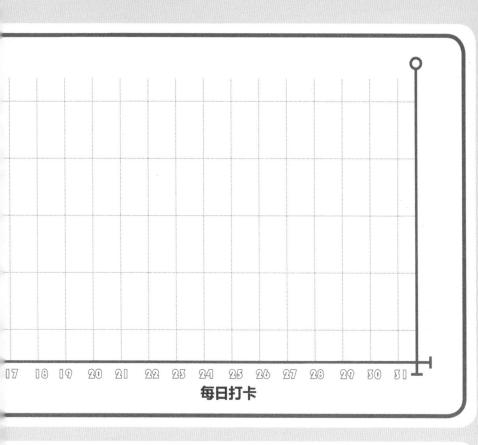

| 17 | 18 | 19 | 20 | 21 | 22 | 23 | 24 | 25 | 26 | 27 | 28 | 29 | 30 | 31 |

每日打卡

难过的事

....

....

....

....

....

....

....

___ 月 ___ 周家庭会议记录

会议时间		主题	
参加人		会议地点	

＿ 月 ＿ 周好习惯打卡表

我的目标	M	T	W	T	F	S	S
	□	□	□	□	□	□	□ □
	□	□	□	□	□	□	□ □
	□	□	□	□	□	□	□ □
	□	□	□	□	□	□	□ □
	□	□	□	□	□	□	□ □
	□	□	□	□	□	□	□ □
	□	□	□	□	□	□	□ □

___ 月 ___ 周每日三件好事

MONDAY

TUESDAY

WEDNESDAY

THURSDAY

三件好事练习小技巧

1. 每天晚上睡觉之前
2. 写下今天发生的三件好事，写出好事为何会发生

FRIDAY

SATURDAY

SUNDAY

___ 月 ___ 周家庭会议记录

会议时间		主题	
参加人		会议地点	

___ 月 ___ 周好习惯打卡表

我的目标	M	T	W	T	F	S	S
	☐	☐	☐	☐	☐	☐	☐
	☐	☐	☐	☐	☐	☐	☐
	☐	☐	☐	☐	☐	☐	☐
	☐	☐	☐	☐	☐	☐	☐
	☐	☐	☐	☐	☐	☐	☐
	☐	☐	☐	☐	☐	☐	☐
	☐	☐	☐	☐	☐	☐	☐

___ 月 ___ 周每日三件好事

MONDAY

TUESDAY

WEDNESDAY

THURSDAY

三件好事练习小技巧

1. 每天晚上睡觉之前
2. 写下今天发生的三件好事，写出好事为何会发生

FRIDAY

SATURDAY

SUNDAY

＿ 月 ＿ 周家庭会议记录

会议时间		主题	
参加人		会议地点	

....

....

....

....

....

....

....

....

....

....

....

___ 月 ___ 周好习惯打卡表

我的目标	M	T	W	T	F	S	S
	☐	☐	☐	☐	☐	☐	☐
	☐	☐	☐	☐	☐	☐	☐
	☐	☐	☐	☐	☐	☐	☐
	☐	☐	☐	☐	☐	☐	☐
	☐	☐	☐	☐	☐	☐	☐
	☐	☐	☐	☐	☐	☐	☐
	☐	☐	☐	☐	☐	☐	☐

___ 月 ___ 周每日三件好事

MONDAY

TUESDAY

WEDNESDAY

THURSDAY

三件好事练习小技巧
1. 每天晚上睡觉之前
2. 写下今天发生的三件好事，写出好事为何会发生

FRIDAY

SATURDAY

SUNDAY

＿月 ＿周家庭会议记录

会议时间		主题	
参加人		会议地点	

....

....

....

....

....

....

....

....

....

....

....

....

＿ 月 ＿ 周好习惯打卡表

我的目标	M	T	W	T	F	S	S
	☐	☐	☐	☐	☐	☐	☐
	☐	☐	☐	☐	☐	☐	☐
	☐	☐	☐	☐	☐	☐	☐
	☐	☐	☐	☐	☐	☐	☐
	☐	☐	☐	☐	☐	☐	☐
	☐	☐	☐	☐	☐	☐	☐
	☐	☐	☐	☐	☐	☐	☐

___ 月 ___ 周每日三件好事

MONDAY

TUESDAY

WEDNESDAY

THURSDAY

三件好事练习小技巧

1. 每天晚上睡觉之前
2. 写下今天发生的三件好事，写出好事为何会发生

FRIDAY

SATURDAY

SUNDAY

___ 月 ___ 周家庭会议记录

会议时间		主题	
参加人		会议地点	

___ 月 ___ 周好习惯打卡表

我的目标	M	T	W	T	F	S	S
	☐	☐	☐	☐	☐	☐	☐
	☐	☐	☐	☐	☐	☐	☐
	☐	☐	☐	☐	☐	☐	☐
	☐	☐	☐	☐	☐	☐	☐
	☐	☐	☐	☐	☐	☐	☐
	☐	☐	☐	☐	☐	☐	☐
	☐	☐	☐	☐	☐	☐	☐

__ 月 __ 周每日三件好事

MONDAY

TUESDAY

WEDNESDAY

THURSDAY

三件好事练习小技巧

1. 每天晚上睡觉之前
2. 写下今天发生的三件好事，写出好事为何会发生

FRIDAY

SATURDAY

SUNDAY

本月我养成的其他好习惯：

___ 月计划

	星期一	星期二	星期三
__周			
__周			
__周			
__周			
__周			

星期四	星期五	星期六	星期日

___ 月读书打卡

本月读书目标示例：1. 本月读书 _____ 本
2. 每天读书 _____ 页
3. 每天读书 _____ 分钟

___ 月读书总结

书名、作者	阅读页数	用时	一句话感受

___ 月运动打卡

本月运动目标示例：1. 本月运动 _____ 分钟
2. 每天运动 _____ 分钟

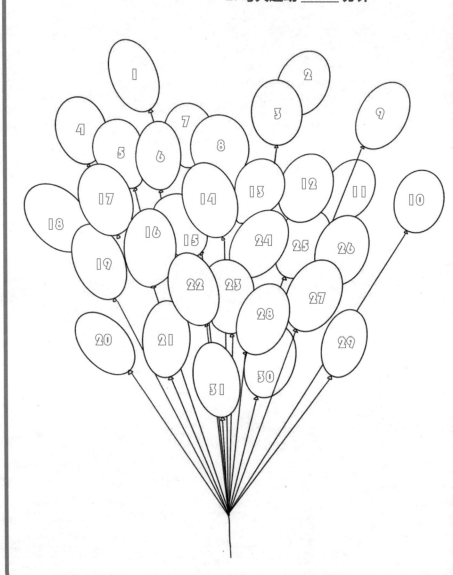

___ 月运动总结

运动项目	总用时	一句话感受

___ 月睡眠打卡

我的年龄 ___   最佳睡眠时长 ___

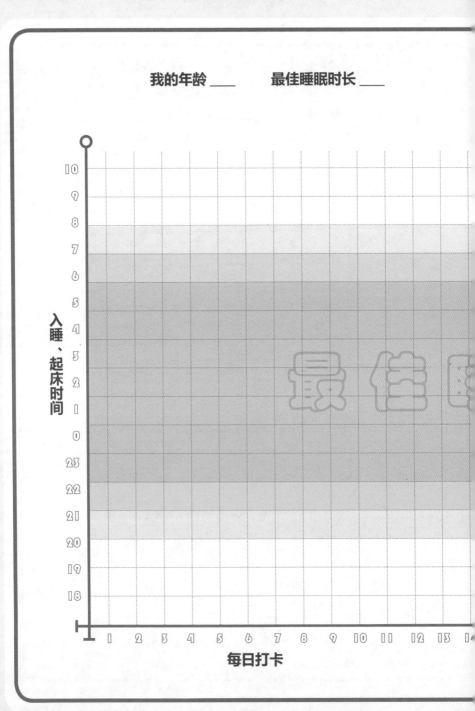

入睡、起床时间

10 9 8 7 6 5 4 3 2 1 0 23 22 21 20 19 18

1 2 3 4 5 6 7 8 9 10 11 12 13 14

每日打卡

2021 年 3 月，教育部印发了《关于进一步加强中小学生睡眠管理工作的通知》，把学生睡眠管理工作纳入日常监督范围和政府履行教育职责督导评价。其中明确要求，根据不同年龄段学生身心发展特点，小学生每天睡眠时间应达到 10 小时，初中生应达到 9 小时，高中生应达到 8 小时。

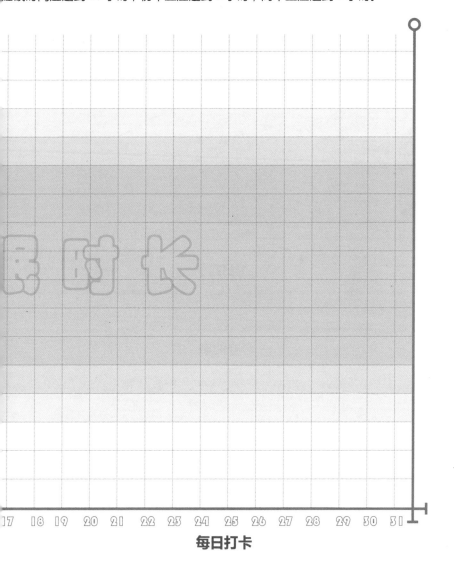

每日打卡

___ 月情绪打卡

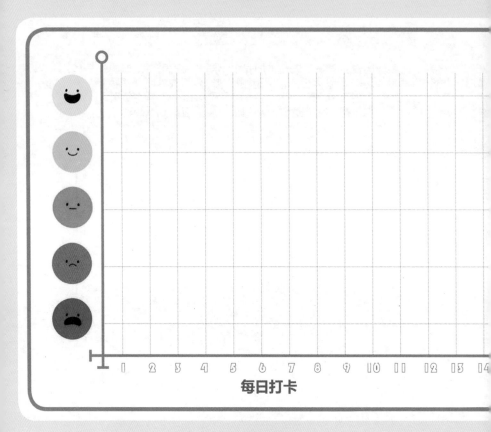

每日打卡

开心的事

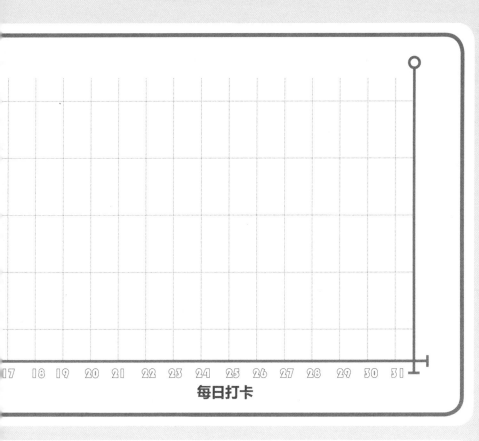

17 18 19 20 21 22 23 24 25 26 27 28 29 30 31

每日打卡

难过的事

___ 月 ___ 周家庭会议记录

会议时间		主题	
参加人		会议地点	

___ 月 ___ 周好习惯打卡表

我的目标	M	T	W	T	F	S	S
	☐	☐	☐	☐	☐	☐	☐
	☐	☐	☐	☐	☐	☐	☐
	☐	☐	☐	☐	☐	☐	☐
	☐	☐	☐	☐	☐	☐	☐
	☐	☐	☐	☐	☐	☐	☐
	☐	☐	☐	☐	☐	☐	☐
	☐	☐	☐	☐	☐	☐	☐

___ 月 ___ 周每日三件好事

MONDAY

TUESDAY

WEDNESDAY

THURSDAY

三件好事练习小技巧

1. 每天晚上睡觉之前
2. 写下今天发生的三件好事，写出好事为何会发生

FRIDAY

SATURDAY

SUNDAY

__ 月 __ 周家庭会议记录

会议时间		主题	
参加人		会议地点	

___ 月 ___ 周好习惯打卡表

我的目标	M	T	W	T	F	S	S
	☐	☐	☐	☐	☐	☐	☐	☐
	☐	☐	☐	☐	☐	☐	☐	☐
	☐	☐	☐	☐	☐	☐	☐	☐
	☐	☐	☐	☐	☐	☐	☐	☐
	☐	☐	☐	☐	☐	☐	☐	☐
	☐	☐	☐	☐	☐	☐	☐	☐
	☐	☐	☐	☐	☐	☐	☐	☐

___ 月 ___ 周每日三件好事

MONDAY

TUESDAY

WEDNESDAY

THURSDAY

三件好事练习小技巧

1. 每天晚上睡觉之前
2. 写下今天发生的三件好事，写出好事为何会发生

FRIDAY

SATURDAY

SUNDAY

__ 月 __ 周家庭会议记录

会议时间		主题	
参加人		会议地点	

___ 月 ___ 周好习惯打卡表

我的目标	M	T	W	T	F	S	S
	☐	☐	☐	☐	☐	☐	☐
	☐	☐	☐	☐	☐	☐	☐
	☐	☐	☐	☐	☐	☐	☐
	☐	☐	☐	☐	☐	☐	☐
	☐	☐	☐	☐	☐	☐	☐
	☐	☐	☐	☐	☐	☐	☐
	☐	☐	☐	☐	☐	☐	☐

＿ 月 ＿ 周每日三件好事

MONDAY

TUESDAY

WEDNESDAY

THURSDAY

三件好事练习小技巧

1. 每天晚上睡觉之前
2. 写下今天发生的三件好事，写出好事为何会发生

FRIDAY

SATURDAY

SUNDAY

___ 月 ___ 周家庭会议记录

会议时间		主题	
参加人		会议地点	

___ 月 ___ 周好习惯打卡表

我的目标	M	T	W	T	F	S	S
	☐	☐	☐	☐	☐	☐	☐
	☐	☐	☐	☐	☐	☐	☐
	☐	☐	☐	☐	☐	☐	☐
	☐	☐	☐	☐	☐	☐	☐
	☐	☐	☐	☐	☐	☐	☐
	☐	☐	☐	☐	☐	☐	☐
	☐	☐	☐	☐	☐	☐	☐

__ 月 __ 周每日三件好事

MONDAY

TUESDAY

WEDNESDAY

THURSDAY

三件好事练习小技巧

1. 每天晚上睡觉之前
2. 写下今天发生的三件好事，写出好事为何会发生

FRIDAY

SATURDAY

SUNDAY

__ 月 __ 周家庭会议记录

会议时间		主题	
参加人		会议地点	

___ 月 ___ 周好习惯打卡表

我的目标	M	T	W	T	F	S	S
	☐	☐	☐	☐	☐	☐	☐
	☐	☐	☐	☐	☐	☐	☐
	☐	☐	☐	☐	☐	☐	☐
	☐	☐	☐	☐	☐	☐	☐
	☐	☐	☐	☐	☐	☐	☐
	☐	☐	☐	☐	☐	☐	☐
	☐	☐	☐	☐	☐	☐	☐

___ 月 ___ 周每日三件好事

MONDAY

TUESDAY

WEDNESDAY

THURSDAY

三件好事练习小技巧

1. 每天晚上睡觉之前
2. 写下今天发生的三件好事，写出好事为何会发生

FRIDAY

SATURDAY

SUNDAY

本月我养成的其他好习惯：

___ 月计划

	星期一	星期二	星期三
__周			
__周			
__周			
__周			
__周			

星期四	星期五	星期六	星期日

___ 月读书打卡

本月读书目标示例：1. 本月读书 _____ 本
2. 每天读书 _____ 页
3. 每天读书 _____ 分钟

___月读书总结

书名、作者	阅读页数	用时	一句话感受

___ 月运动打卡

本月运动目标示例：1. 本月运动 _____ 分钟
2. 每天运动 _____ 分钟

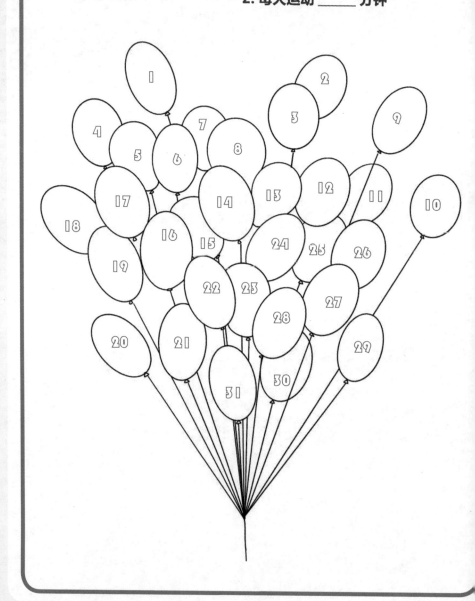

___ 月运动总结

运动项目	总用时	一句话感受

___ 月睡眠打卡

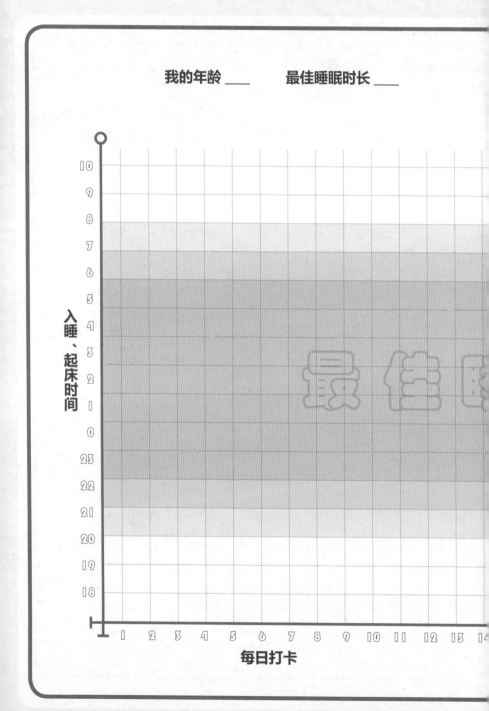

我的年龄 ___   最佳睡眠时长 ___

入睡、起床时间

10
9
8
7
6
5
4
3
2
1
0
23
22
21
20
19
18

1 2 3 4 5 6 7 8 9 10 11 12 13 14

每日打卡

2021 年 3 月，教育部印发了《关于进一步加强中小学生睡眠管理工作的通知》，把学生睡眠管理工作纳入日常监督范围和政府履行教育职责督导评价。其中明确要求，根据不同年龄段学生身心发展特点，小学生每天睡眠时间应达到 10 小时，初中生应达到 9 小时，高中生应达到 8 小时。

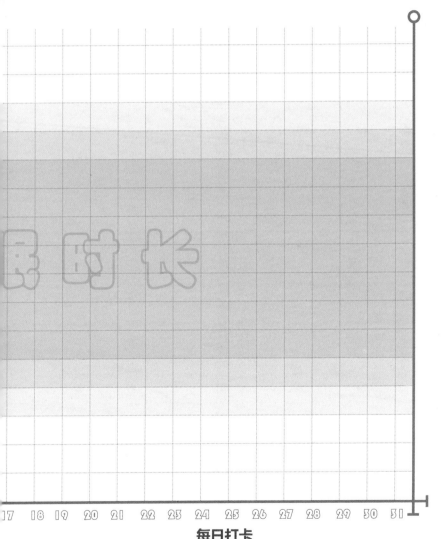

17　18　19　20　21　22　23　24　25　26　27　28　29　30　31

每日打卡

___ 月情绪打卡

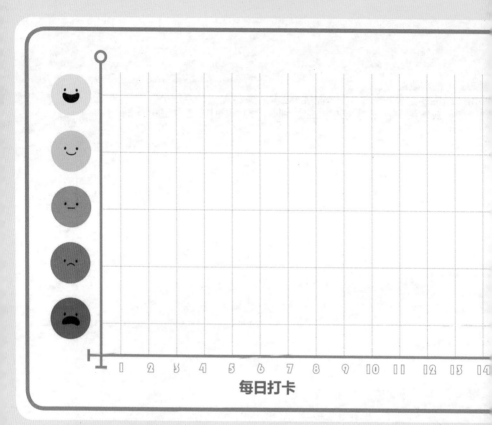

每日打卡

开心的事

....

....

....

....

....

....

....

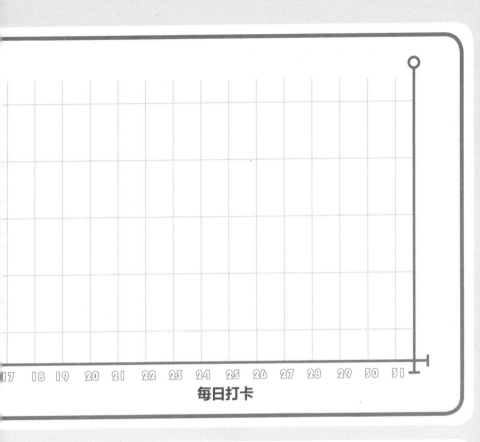

17　18　19　20　21　22　23　24　25　26　27　28　29　30　31

每日打卡

难过的事

....

....

....

....

....

....

....

___ 月 ___ 周家庭会议记录

会议时间		主题	
参加人		会议地点	

__ 月 __ 周好习惯打卡表

我的目标	M	T	W	T	F	S	S
	☐	☐	☐	☐	☐	☐	☐
	☐	☐	☐	☐	☐	☐	☐
	☐	☐	☐	☐	☐	☐	☐
	☐	☐	☐	☐	☐	☐	☐
	☐	☐	☐	☐	☐	☐	☐
	☐	☐	☐	☐	☐	☐	☐
	☐	☐	☐	☐	☐	☐	☐

___月 ___周每日三件好事

MONDAY

TUESDAY

WEDNESDAY

THURSDAY

三件好事练习小技巧

1. 每天晚上睡觉之前
2. 写下今天发生的三件好事，写出好事为何会发生

FRIDAY

SATURDAY

SUNDAY

＿ 月 ＿ 周家庭会议记录

会议时间		主题	
参加人		会议地点	

___ 月 ___ 周好习惯打卡表

我的目标	M	T	W	T	F	S	S
	☐	☐	☐	☐	☐	☐	☐ ☐
	☐	☐	☐	☐	☐	☐	☐ ☐
	☐	☐	☐	☐	☐	☐	☐ ☐
	☐	☐	☐	☐	☐	☐	☐ ☐
	☐	☐	☐	☐	☐	☐	☐ ☐
	☐	☐	☐	☐	☐	☐	☐ ☐
	☐	☐	☐	☐	☐	☐	☐ ☐

__ 月 __ 周每日三件好事

MONDAY

TUESDAY

WEDNESDAY

THURSDAY

三件好事练习小技巧
1. 每天晚上睡觉之前
2. 写下今天发生的三件好事，写出好事为何会发生

FRIDAY

SATURDAY

SUNDAY

＿ 月 ＿ 周家庭会议记录

会议时间		主题	
参加人		会议地点	

__ 月 __ 周好习惯打卡表

我的目标	M	T	W	T	F	S	S
	☐	☐	☐	☐	☐	☐	☐
	☐	☐	☐	☐	☐	☐	☐
	☐	☐	☐	☐	☐	☐	☐
	☐	☐	☐	☐	☐	☐	☐
	☐	☐	☐	☐	☐	☐	☐
	☐	☐	☐	☐	☐	☐	☐
	☐	☐	☐	☐	☐	☐	☐

___ 月 ___ 周每日三件好事

MONDAY

TUESDAY

WEDNESDAY

THURSDAY

三件好事练习小技巧

1. 每天晚上睡觉之前
2. 写下今天发生的三件好事，写出好事为何会发生

FRIDAY

SATURDAY

SUNDAY

＿ 月 ＿ 周家庭会议记录

会议时间		主题	
参加人		会议地点	

＿ 月 ＿ 周好习惯打卡表

我的目标	M	T	W	T	F	S	S
	☐	☐	☐	☐	☐	☐	☐
	☐	☐	☐	☐	☐	☐	☐
	☐	☐	☐	☐	☐	☐	☐
	☐	☐	☐	☐	☐	☐	☐
	☐	☐	☐	☐	☐	☐	☐
	☐	☐	☐	☐	☐	☐	☐
	☐	☐	☐	☐	☐	☐	☐

___ 月 ___ 周每日三件好事

MONDAY

TUESDAY

WEDNESDAY

THURSDAY

三件好事练习小技巧

1. 每天晚上睡觉之前
2. 写下今天发生的三件好事，写出好事为何会发生

FRIDAY

SATURDAY

SUNDAY

__ 月 __ 周家庭会议记录

会议时间		主题	
参加人		会议地点	

__ 月 __ 周好习惯打卡表

我的目标	M	T	W	T	F	S	S
	☐	☐	☐	☐	☐	☐	☐
	☐	☐	☐	☐	☐	☐	☐
	☐	☐	☐	☐	☐	☐	☐
	☐	☐	☐	☐	☐	☐	☐
	☐	☐	☐	☐	☐	☐	☐
	☐	☐	☐	☐	☐	☐	☐
	☐	☐	☐	☐	☐	☐	☐

___ 月 ___ 周每日三件好事

MONDAY

TUESDAY

WEDNESDAY

THURSDAY

三件好事练习小技巧

1. 每天晚上睡觉之前
2. 写下今天发生的三件好事，写出好事为何会发生

FRIDAY

SATURDAY

SUNDAY

本月我养成的其他好习惯：